·麋鹿故事·

U0215907

麋鹿沧桑

宋苑　李俊芳 ◎ 编著

北京科学技术出版社

图书在版编目（CIP）数据

麋鹿沧桑 / 宋苑，李俊芳编著. —北京：北京科学技术出版社，2019.8
（麋鹿故事）
ISBN 978-7-5714-0305-8

Ⅰ . ①麋… Ⅱ . ①宋… ②李… Ⅲ . ①麋鹿 - 介绍 Ⅳ . ① Q959.842

中国版本图书馆CIP数据核字（2019）第103408号

麋鹿沧桑（麋鹿故事）

作　　者：宋　苑　李俊芳
责任编辑：韩　晖　李　鹏
封面设计：天露霖
出 版 人：曾庆宇
出版发行：北京科学技术出版社
社　　址：北京西直门南大街16号
邮政编码：100035
电话传真：0086-10-66135495（总编室）
　　　　　0086-10-66113227（发行部）　0086-10-66161952（发行部传真）
电子信箱：bjkj@bjkjpress.com
网　　址：www.bkydw.cn
经　　销：新华书店
印　　刷：北京宝隆世纪印刷有限公司
开　　本：880mm×1230mm　1/32
字　　数：171千字
印　　张：7.625
版　　次：2019年8月第1版
印　　次：2019年8月第1次印刷
ISBN 978-7-5714-0305-8 / Q·164

定　　价：80.00元（全套7册）

前　言

　　麋鹿（*Elaphurus davidianus*）是一种大型食草动物，属哺乳纲（Mammalia）、偶蹄目（Artiodactyla）、鹿科（Cervidae）、麋鹿属（*Elaphurus*）。又名戴维神父鹿（Père David's Deer）。雄性有角，因其角似鹿、脸似马、蹄似牛、尾似驴，故俗称"四不像"。麋鹿是中国特有的物种，曾在中国生活了数百万年，20世纪初却在故土绝迹。20世纪80年代，麋鹿从海外重返故乡。麋鹿跌宕起伏的命运，使其成为世人关注的对象。

目 录

皇权象征

麋鹿是一种独特的鹿科动物，自古分布在北到辽宁、南到海南岛的中国东部的平原湿地上。商代的甲骨文中就已出现了"麋"字，而关于麋鹿的传说则更早，出现在"三皇五帝"时期。麋鹿与其他鹿类最大的不同是其脱角的时间，东汉许慎的《说文解字》中记载："麋冬至解其角"，李时珍的《本草纲目》中也有相同记载。这就是说，麋鹿是在冬至前后脱角，而角脱落后又生长，在来年的春天长成型。正是因为这样，对于古代的先民来说，麋鹿是一种特别吉利的象征，因为当它的角长成型时，就意味着春天来了，一切欣欣向荣，又一个农耕季开始了。因此，麋鹿在商周时期就被定为御用祭祀物和御用猎物，并开始被圈养在帝王的苑囿里。野外的麋鹿因为环境改变、自身条件变化以及人类干扰等逐渐灭绝，但被皇家圈养的麋鹿得以生存到中国最后一个封建王朝——清朝。

清朝的乾隆皇帝对于麋鹿冬至脱角，感到很困惑——《礼记·月令》里曾记载鹿皆解角于夏，南苑皇家猎苑里冬季脱角的这个动物又是什么？于是，他委派名叫五福的御前侍卫到南苑皇家猎苑查明此事。侍卫五福赶在冬至那天来到南苑皇家猎苑，恰逢一只雄性麋鹿脱了角，于是他把这只麋鹿刚刚脱掉的鹿角带回了紫禁城，献给了乾隆皇帝。乾隆皇帝大喜，特撰写了《麋角解说》一文，并命人将此文刻在了这支鹿角上。现在，这支珍贵的鹿角被保存在北京麋鹿苑中。

▲ 乾隆鹿角

▲ 麋角解说

野外生活

事实上，在商周时代特别是周朝之后，野外的麋鹿种群就逐渐衰减直至近代最终绝迹。野外的麋鹿种群为什么会逐渐衰减呢？原因有三：第一，麋鹿属于湿地物种，它偏爱的环境是温暖湿润的沼泽水域。但中国从古至今的总气候变化趋向是逐渐变冷、湿度降低，且湿地和水域明显减少，这种自然环境的变迁明显不利于麋鹿的生存和发展。第二，麋鹿属于大型鹿科动物，这不仅增加了它在生育和躲避猛兽时的难度，也让它在气候发生变迁时难以快速适应或进化。由于麋鹿生活在平原湿地且集群较大，很难在开阔的自然环境中隐藏自身。尤其是冬季，芦苇的倒伏让麋鹿群体更易暴露，大大增加了被猎捕的概率。第三，古代野生麋鹿分布的地区恰恰是中国从古至今开发最充分的地区之一，麋鹿不仅要面对人类对它的滥捕滥杀，更要面对人类对其赖以生存的环境的改变，如平原湿地变成农田等。也就是说，麋鹿生活的地区的生态环境已被人类悉数破坏，麋鹿这样的大型动物很难继续生存下去。

▲ 古麋鹿生活环境图

科学发现

1862年，法国神父阿尔芒·戴维来中国传教。戴维不仅是神父，还是博物学家，他在传教之余到处猎奇，把自己以前没见过的动物和植物介绍到欧洲。1865年，戴维听说南苑皇家猎苑里有种俗称"四不像"的动物，便前来一探究竟。他发现这种动物以前并没有见过，于是买通了南苑皇家猎苑的侍卫，买了一只成年母鹿和一只亚成体母鹿的皮张和骨骼，将其运到法国巴黎自然历史博物馆。经当时博物馆的动物学专家阿尔方·米尔恩·爱德华鉴定，此种鹿是当时的动物分类学上未曾发现的新种。因此，麋鹿被冠上了"戴维神父"的称谓，它的英文名字就叫作"戴维神父鹿"（Père David's Deer），同时也被译为"达氏麋鹿"，而它的拉丁文名 *Elaphurus davidianus*，其中也包含了戴维神父的姓名。值得一提的是，戴维神父在中国不仅发现了麋鹿，在其随后的旅行中，他又先后发现了大熊猫、金丝猴、珙桐等多种珍稀动植物，并把它们一一介绍到了欧洲国家。

自从戴维神父发现了麋鹿，欧洲人就对麋鹿产生了很大的兴趣。1867到1894年间，他们用各种方法得到了一些活体麋鹿。这些活体麋鹿最终被送到巴黎、柏林、科隆和安特卫普的动物园内。

▲ 阿尔芒·戴维神父

◀ 戴维神父发现麋鹿

▶ 偷运麋鹿标本

▲ 麋鹿标本被运输到法国

▲ 法国巴黎自然历史博物馆

▲ 法国巴黎自然历史博物馆标本库现存的麋鹿标本

本土灭绝

众所周知，永定河是北京的母亲河。古时因河道迁徙无常，所以永定河一开始的名字是"无定河"。辽代以后其逐渐形成现在的河道走向，从康熙三十七年（1698）起，此河才改名为永定河。然而，永定河不仅没有"永定"，反而频繁泛滥，仅清顺治至光绪年间，河下口就有14次改道，平均每4年左右造灾1次。1801年、1890年、1893年的3次洪水均严重波及北京城区。1894年，永定河洪水冲垮了南苑皇家猎苑的围墙，方圆210平方千米的南苑皇家猎苑沦为一片泽国，许多麋鹿从南苑皇家猎苑逃散出去并成了周围饥民的果腹之物。

1900年5月28日，八国联军侵华战争全面爆发。8月14日，八国联军攻入北京，次日清晨慈禧太后和光绪皇帝放弃北京城外逃。八国联军进入北京后，在北京城内烧杀抢掠。南苑皇家猎苑也未能幸免于难，遭到洗劫、炮轰和焚毁，死伤百姓上万人。最终，这一战争也波及麋鹿。俄罗斯军团到团河行宫进行第二次洗劫时，把团河行宫南草地里的1000多只鹿（包含所有麋鹿）都赶跑了，随后意大利和英国军团对团河行宫又进行了第三次、第四次洗劫。南苑皇家猎苑的麋鹿遭到八国联军的抢劫和射杀。从此，中国境内的最后一个麋鹿种群在本土消失了，麋鹿于1900年在中国灭绝。

漂泊海外

之前那些被送到欧洲的活体麋鹿，使得这一物种得以在地球上幸存。可这些麋鹿在欧洲的生存处境也很艰难，它们被分成几小批，圈养在各地的动物园里，受限的生活条件导致不少麋鹿纷纷死去，生育率也极其低下。麋鹿，面临着绝种的危险。

英国的第十一世贝福特公爵，对鹿科动物非常感兴趣。他听说了麋鹿的情况后，意识到如果再不出手，这一珍稀物种将彻底绝种。因此，他在1894年10月到1901年3月，主动联系动物供应商哈根巴克先生，花重金购买了当时散落在欧洲动物园的所有麋鹿（也是当时世界上仅存的所有麋鹿），放在了自己位于伦敦以北70千米的乌邦寺庄园里。乌邦寺庄园占地约12平方千米，内含草地、湖泊和丘陵。麋鹿先被放在一个小型牧场里适应环境，然后就被散养在乌邦寺庄园的鹿苑里，过上了可以集群、可以随处溜达随处觅食的生活，就像以前在南苑皇家猎苑一样，很是惬意。在这样的条件下，麋鹿这一物种得以被保存下来，直到现在。

当时被第十一世贝福特公爵买下的麋鹿一共有18只，其中成年公鹿7只、成年母鹿9只、幼鹿2只。在这18只麋鹿里，仅有12只有繁殖功能，今天全世界所有的麋鹿，都是这12只麋鹿的后代。

◀ 第十一世贝福特公爵

◀ 第十一世贝福特公爵和公爵夫人

◀ 麋鹿在乌邦寺庄园

▶ 乌邦寺庄园的雄性麋
鹿群（第十一世贝福特
公爵夫人/摄）

种群复苏

1939年9月1日，第二次世界大战爆发。1940年7月，不列颠空战开始，在短短的一年内，英国本土遭到德军无数次轰炸，伦敦遭受了严重的破坏，伦敦附近城市也受到不同程度的破坏。麋鹿的生活也因此受到了影响。在第二次世界大战期间，由于英国当局不允许提供足够的干草给非本土物种，冬季对麋鹿种群的补饲就成为贝福特公爵家族巨大的负担。事实上，在第一次世界大战期间，刚刚恢复的麋鹿种群就已经遭受了一次灭顶之灾，有将近一半数量的麋鹿在第一次世界大战中被饿死。

1940年，第十二世贝福特公爵继承了公爵爵位。他和他的父亲一样，也是一位热心的博物学家。他意识到，麋鹿如果只被散养在乌邦寺庄园里，将不利于这个物种种群的恢复。因此，第十二世贝福特公爵决定将一些麋鹿送往不同地方的动物园，这样做的动机是确保麋鹿不再遭受灭顶之灾。于是从1944年起，贝福特公爵家族开始向各地动物园输出麋鹿。这个举措得到了伦敦动物园协会的积极支持和协助。1944年到1977年，乌邦寺庄园总共输出了超过268只麋鹿，这些麋鹿形成了现在世界麋鹿群的奠基种群。截至1977年年末，麋鹿已经发展到了全世界近90个种群，共900只麋鹿。但是，当时麋鹿并未以保护种群的名义被送回中国，仅北京动物园在1956年和1973年得到过共3对麋鹿，放在园中供游客观赏。

回归祖国

塔维斯托克侯爵（也就是后来的第十四世贝福特公爵）孩提时代在乌邦寺庄园游憩时，他的祖父（第十二世贝福特公爵）就告诉了他关于麋鹿的故事。当塔维斯托克侯爵得知是他们家族拯救麋鹿于灭绝边缘，而世界上仅存的麋鹿种群就在自己的庄园里时，他曾许下诺言：把这个物种送回中国！

到了20世纪80年代，这位未来的第十四世贝福特公爵履行了自己的诺言。1982年，我国驻英国大使馆正式联系到他，并着手启动麋鹿重引入项目。1984年3月17日，塔维斯托克侯爵委托毕业于牛津大学动物学系的玛雅·博依德女士到中国寻找麋鹿重引入项目的合作者。在当时的国家环保局和北京市政府的支持和领导下，我国成立了跨部门麋鹿重引入项目领导小组，并与英方专家共同组成了多学科的专家组。

　　据当时的专家组成员介绍，他们设想的麋鹿回归祖国后的
第一个重引入地点是长江中下游平原湿地或中国东部沿海地
区。由于麋鹿在中国的最后栖息地是北京南苑皇家猎苑，且于
1900年灭绝于此，最终专家组将最初的重引入地点确定为清代
南苑皇家猎苑旧址的核心部分——北京南郊农场的三海子（即
现在的南海子麋鹿苑）。首先，三海子地区在1985年时还是一
片适宜麋鹿生存的天然湿地，这个地方对麋鹿也具有重大的历
史意义。其次，由于三海子地区隶属于北京市，项目便于得到
国家主管部门和权威人士的持续支持。最后，在北京近郊开展
此项目，也便于得到国内外保护机构和专业人士的帮助，保证
项目的进行方向的正确性。

▲ 1985年三海子景象

　　1985年2月27日，中英双方初步合作协议在北京签署，至此，麋鹿重引入项目正式开始实施。在北京，重引入项目领导小组与英国贝福特公爵家族代表在反复推敲最终合作协议；在英国，一部分麋鹿被圈养在了单独的检疫隔离圈舍，等待回家。同年7月17日正式的项目合作协议分别于北京和伦敦签订。8月24日，22只麋鹿远渡重洋，乘坐飞机回到了它们的故乡——中国。按照中国的防疫制度，刚刚归国的20只麋鹿住进了位于南海子麋鹿苑的检验检疫圈舍（另外2只被送到了上海动物园）。1985年11月11日，20只麋鹿从检验检疫圈舍被散放出来。在中国绝迹85年后，麋鹿终又回到了曾经的家——南海子。塔维斯托克侯爵当天在南海子发表了演说。演说中他提到："把一个物种如此准确地引回到它之前栖息的地方，这在世界重引入项目中是独一无二的。"

◀ 中英双方签署
合作协议

▶ 1985年麋鹿
返家仪式

◀ 麋鹿乘坐飞机返家

◀ 麋鹿被暂时养在检
验检疫圈舍里

▶ 麋鹿重返故土

　　为了确保麋鹿重引入项目的下一个目标，即回归自然能够实现，重引入项目领导小组专门组建了一个新的科研事业单位"北京麋鹿生态实验中心"（即今天的北京南海子麋鹿苑博物馆、北京生物多样性保护研究中心）。同时为了争取更多的社会支持，1986年5月，由中国动物学会、中国植物学会、中国环境科学学会、中国自然科学博物馆协会等发起成立了中国麋鹿基金会（现名中国生物多样性保护与绿色发展基金会）。

◀ 北京麋鹿生态
实验中心的工作
人员在观察麋鹿

驰骋华夏

自1985年麋鹿回归至今，已经过去了30多年。在这30多年里，麋鹿在中国有了很好的发展。除了北京麋鹿苑，江苏大丰、湖北石首等大型麋鹿保护区也先后建立起来，这些保护区的存在，让麋鹿的种群数量和质量都得到了极大的提升。近年来，还有一些麋鹿被人为或者非人为地彻底野放了，这些被野放的麋鹿也在野外顽强地生存了下来。现在，中国野生麋鹿的数量已经达到了近千只，这是一个了不起的成就，让麋鹿自在地生活在它们原始分布区的梦想已经实现。

▼ 湖北石首的野生麋鹿（张鹏骞/摄）

▲ 麋鹿被野放至鄱阳湖（白加德/摄）

　　麋鹿，从最初的徜徉在中国大地，到1900年在中国灭绝；从当初被第十一世贝福特公爵救助的18只，发展到了现在仅中国就有6500多只并具有稳定的野外种群。在中外科学家和有识之士的共同努力下，麋鹿重引入项目成为全世界最精准也是最成功的重引入项目。麋鹿，获救了！

　　"中国衰而麋鹿衰，中国兴而麋鹿兴！"中共十八大以来，生态文明建设被提到了新高度，习近平总书记说："绿水青山就是金山银山。"我们有理由相信，包括麋鹿在内的世界珍稀动物一定会得到我国的全面保护。

参考文献

[1]曹克清.麋鹿研究[M].上海：上海科技教育出版社，2005.

[2]刘艳菊.麋鹿与生物多样性保护国际研讨会论文集[M].北京：北京科学技术出版社，2015.